16/julio/2017

Para Maria
Martha con
todo cariño y
gusto en
Concerte

gracias por tu
am

D1731541

Colección Reino de Nadie

BIOLOGÍA EN FUGA

Gabriela d´Arbel

bonobos / poesía

2016

Biología en fuga / GABRIELA D´ARBEL

Primera edición, 2016

D.R. © Gabriela d´Arbel
D.R. © Bonobos Editores S. de R.L. de C.V.

www.bonoboseditores.com.mx

ISBN 978-607-8099-91-7

Hecho e impreso en México
Made and printed in Mexico

Toda máquina está en proceso de extinción.

ADOLFO BIOY CASARES

.

I

Odisea a Chittagong

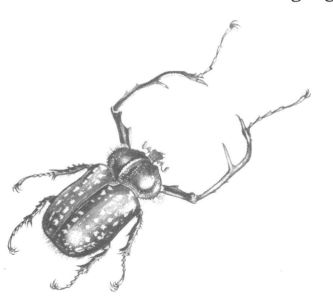

Mastodontes metálicos
flotan indolentes
(desguace).
Biología en fuga.
Necrópolis náutica.

//Ubicada en la parte oriental de Bangladesh
Chittagong tiene una población
de cuatro millones de habitantes//

Óxido de azufre, olas disueltas
bajo las plantas nos hacen cosquillas.

Flotamos, pero hay demasiado sudor agrio
como para poner a zarpar un deseo.

Quién de nosotros será el primero
que cruce las aguas oscuras y sea reconocido
desde la penumbra por sus iguales.
Hará falta portar un cuerpo diáfano:
calamar de cristal,
víscera luminosa, ojos fluorescentes.

Quién se transformará en una esfera que descienda
en los territorios profusos de Dios.
 // Truco visual: parecer siempre más grande de lo que
    uno es.
Regla básica//

Si la primera estrategia fracasa, hemos de esconder
entre nuestras ropas un saco de tinta, y nos ocultaremos
con ella de la mirada estridente y divina.

Entonces sacar un gazapo de la chistera
y dejarlo escapar:
nunca falla.

Disgregación, porosidad.

Si por nosotros fuera, le arrebataríamos el color
    a la voracidad:
láminas desmembradas, brillantes, malditas.

Sucios los adoquines, uno detrás de otro y de otro,
hasta completar un espejismo.
(Chittagong en nuestra arterias)
Al fuego lo dejaría color nieve.

Pensaría en bocas con las comisuras saturadas de hielo.

Disgregación. Si por nosotros... todo sería un maullido
    de gato
en blanco y negro.
Un muro de rasilla ahogado en sombras grises,
daltónicas,

El deseo de otros sería un corto pensamiento que no
    decapita.

11

**Navegamos en ataúdes. Selkirk
nos condujo al mar.**
Es color púrpura la afonía.
La luz aguarda.

Esperamos cruzar la acuosa piel de Chittagong.
Pensamos en nuestros pies húmedos
sobre la arena de otro lugar.

Un cangrejo ermitaño en la orilla. Monzón azul.

Infinidad de cosas puede ser una casa
mientras la podamos llevar a cualquier lugar,
incluso dentro.

Las palabras me llevan de nuevo a Chittagong,
a un cementerio de naves, a uno clandestino
   en Guerrero.
Las cervicales dan comezón.

Hoy es lunes, el ventilador no ahuyenta el calor.
Nada cambia, sólo una voz de insecto nos platica.
Es día de tener hambre, de mentar madres.

Las olas son pecas negras. La playa aún más oscura.
No se extingue el bochorno que nos apresa.
Las fronteras quedan clavadas más allá del estómago.

**Últimamente no vemos rasgos
de nuestra biología.**
Hay un mensaje en el teléfono;
está lejos de nosotros.
No es agradable cuando vibra sobre el buró,
no deja escuchar los murmullos de la casa-esfera.

Las hormigas, las termitas, los escarabajos.
La luz nos llama, el óxido anida en el portillo.

Chittagong cada vez más cerca.
El abismo es un extractor que todo devora.

Descargas acordes insólitos.
Adobes de sonido sobre el teclado.
¿Será sólo una señal de humo
o tus huellas digitales penetran los tímpanos?

Música tan peculiar como tu enfermedad.
Mente que surge, idea.
El viento sordo narra lo que sucede. Blues alterado.

Al final un bosque. Todo el mundo
es el puerto de Chittagong,
que no deja que el piano de Barry Harris
se escuche por las noches.

                                    ¿No es así Monk?

Casa y ventanas, estruendosos silencios.
El techo atrapasueños canta.

Sería terapéutico tener abismos en lugar de manos.
Poner a navegar barcos agónicos en la mirada.
Sanar un ojo que vea futuras tempestades.
Ser habitante y con habilidad recorrer espacios
que llenen tu retina con unos metros del puerto
de Chittagong.

Nos gusta la puerta que vemos
sobre la piel tatuada.
Es un pensamiento cristalino.
Lo consumimos con hambre.

Hay orín en la madera.
Una niña esboza en el tablón
una salida de emergencia
que abre nuestra puerta.

Intenta huir del olor infecto.
No hay otro camino
que el largo abrazo de la muerte.
El celuloide se fragmenta.

Entierro las uñas en su dorso.
Quizás piensen
que le tengo miedo a la ausencia.
Desde las cavernas no he cambiado.
Tampoco ustedes.

Pero, ¿qué pueden esperar
de un sujeto como yo que vive
de la carne de las termitas
con cara de manguera?
Fue de hecho en una caverna
la primera vez que morí.

Alcanzo a ver en ustedes
el miedo de Dios.

Nos duele cuando nos sentimos a salvo
al escuchar una voz en la radio:
resguardarán el ébola en un envase
de plástico en África Occidental.

No se puede hoy, porque hoy
una rata nos robó un mechón
para hacer su nido más cálido.

Nos duele la cabeza por eso,
y también cuando pensamos en la cebolla
que hicimos trizas. Crimen.

Lloramos sin gana
a la orilla de Chittagong.

II

Zoología intermitente

En la faltriquera lleva su nombre
pero cada vez que lo saca es parecido
a un espejismo diminuto.
Estira las ligas de la vida lo más que se puede.
Parece un gato, ojos ámbar, pero
al final nadie está seguro de cuál es su especie.

Es antagonista de lémures y su piel
desciende a una gruta dentada.
Nosotros no sabemos mucho de él.
Ligero y musculoso
trepa las sombras de los árboles,
caza en manada.

Sabremos más de ellos
si es que al bosque no se le ocurre desaparecer.

Vocaliza una lírica malgache
que remueve nuestra sima.

Guarda en la sonrisa una estampida.
En una marisma
de elefantes encendidos
muy profundo viven
cosmos indescifrables.

No sabemos qué preguntó.
En efecto,
cambió la dirección de la bruma.

Dejo crecer kilómetros de luz.
Es una pena saber que somos ciegos
y sólo tanteamos el camino.

Escuchamos a la makossa
que llega con el viento,
viene hacia nosotros.

Abanico de pico voraz
para los insectos.
El chotacabras,
ave de patas diminutas.
Envergadura, fábula ilustrada.
Camuflaje para eludir la noche.
Si estamos de ánimo
podemos descifrarlo.

Tapacaminos,
sin un vistoso plumaje
pregunta por el quetzal
(le robó algo).

El chotacabras,
pájaro-pez dibujado en el polvo.
Alas para leer la vida que cambia.

El perro, ya no tan perro;
luna, ya no tan blanca.
Quema la oquedad astral
bajo la luz galvánica.

El paisaje no existe.
Todos nos imaginamos
un coyote rojizo
que de hecho vive
en nuestra despensa.

25 cm sin diluir

sus antenas

//Sobre nuestra piel hay extensa oscuridad de
3000 metros, zona abisal.
Rompe la continuidad una intermitente
luz en su filamento. Memoria, interioridad.
Nosotros nos embozamos con su abismo.//

Este pez ha podido sobrevivir a tales profundidades
gracias a la relación con el medio.

//Es purificado silencio.
Otros silencios nos acompañan,
los necesitamos.
Con nuestros movimientos enturbiamos
la calma para dar vida a otros silencios.//

También unas largas aletas dorsales y caudales.
El fanfin es un pez que habita en el orco.

**Ella pone sus huevos en el cuerpo vivo
de la mariquita.**
Chispa de chocolate
es la avispa (*Dinocampus coccionellae*).

Usas nuestra mente como casa de campaña.
¡Estamos prisioneros!

Un capullo sigiloso,
por fin el huevo eclosiona.
Una larva nace de nuestro lagrimal.
Descanso que duele.

Vemos volar como un arcángel
al insecto que nos habitó.

Apenas lo podemos ver en un banco
cúbico de niebla.
El lobo sopla.
Postergación.
¿Qué será?

Es una evocación azul que sacude las hojas
                    de los álamos.
(Si algún día hubiéramos podido ver
                                    el color de su pelaje)

El lobo sabe a *déjà vu*, a lluvia tóxica,
a curiosidad; sabe a miedo, a migraña.

Mirada esquiva.

El lobo habita una luna que llevamos como latido,
                    como glóbulo blanco.

Sólo una vez escuché su aullido.
El lobo sabe a una casa disuelta, a los últimos sonidos
                    de una calle que ya no está.

Una vez que la trampa está preparada
las hormigas aguardan
a que una presa potencial caiga;
ésta puede ser mucho más grande que ellas.

//Cuando la víctima es capturada,
unas la someten desde los agujeros
evitando que escape
mientras otras la atacan//

La lucidez tiene un ojo,
nosotros ninguno.
Nos sostenemos a ratos en una rama.
La hormiga se come a su víctima,
la hormiga da sentido a la muerte.

Buscamos al camarón
pistola.
Su proyectil acuoso
nos despertó.

Como si lo antes visto fuera arena
todo es arena.
Una botella de bronceador a dos metros.

Ahora entramos al plexo
de una pesadilla.

Recorro el pasadizo donde
el sol impacta:
4000 grados centígrados.

Forma esférica: el escarabajo pelotero
sabe cómo transportar el estiércol
(usa el principio físico de acción mínima).

Con paciencia sigue las huellas volátiles
de una tundra que se disuelve.

Nosotros bebemos café.
Nuestras manos son independientes de nosotros:
pantalla luminosa entre los dedos.

El escarabajo lleva semillas a otros lugares.
La carretera, una trampa letal,
aun así construye un paisaje redondo,
busca las vibraciones ligeras
de un rinoceronte fantasma.

Edifican paisajes, acallan el desierto,
detienen su avance,
donde anidan llueve,
donde reposan se refugia la humedad.

Miles de termitas sacuden la tierra.
El termitero: paisaje inmejorable,
espera infinita.

Será difícil que tengamos paciencia;
será fácil que nuestros deseos
derrumben el fortín de naipes.

La grieta contiene un líquido parlante y vivo.
¿Qué fue antes de todo eso?

Un tlaconete dibuja un mapamundi,
se desliza sobre un banco de sal.

Líquida, diáfana mutilación a pequeña escala,
la vida en otra parte.

La precipitación del líquido aumenta con la inclinación,
mientras la vida cambia de casa.

Visión panorámica de una mosca.

Un escarabajo pasa cerca de tu panorámica
distorsionada,
se esconde en la luz
y forma parte de tu mirada.

Una pregunta surge desde el lado este
del páramo: ¿qué miras tan sorprendida?

En la plaza de San Marcos a alguien se le escapó
un globo azul.

No hay que llorar por eso.

Las hormigas son imperativas.
Las cigarras ahorran gasolina,
queman las naves,
buscan nuevos horizontes
en los hormigueros vacíos.

Miramos la oscuridad que guarda el espejo,
repetimos: "somos bultunguin".
Es fácil, es media noche.

No sabe si es un hombre disfrazado de hiena
o una hiena disfrazada de hombre.
No es que ría, sólo llama a los otros herreros.

Todo es sombra,
todo es otra cosa:
fulgor opaco.

La hiena parece perro,
no lo es.
El hombre parece hiena,
no lo es.

El hombre hiena no es el enemigo.
Limpia el paisaje de cadáveres.
Cuerpos que no nos dejan dormir.

El barro de un nido en la esquina del patio.
El cadáver de un polluelo cuelga en la estructura.
Arete seco.

Sería útil un palo de escoba para
derrumbar la madriguera abandonada.
Las golondrinas no tienen límites.

La luz me lleva por el área sitiada.
Dejaron gorupos en la ropa
como una advertencia que no todo tiene final.

Ritmo circadiano, siempre, a pesar del gallo.
Philip Glass medita sobre el kikirikí y un gallo.

A pesar de los días punzantes.
(...) de horas y municiones.

El Ritmo circadiano, kikirikí,
        el gallo alivia.

Bancos de arena, despojados de marea,
el titingó de los albatros.
Se desploman trozos azules. Arriba:
nada hay que aguardar.

Cuerpo sin savia regresa a la guarida
del cangrejo negro.

No más guateque, sólo el retorno,
callado, a la cuna de sal.

Sin pulso, manos y anhelo,
manecillas que giran a la derecha
y se confunden al final de tanta eternidad
con la negrura de la pavesa.

Nos observa el aye-aye.
Vive en lo más recóndito,
su piel cobija la selva.
Nos gusta hacer sonar su nombre
(mantra)
y lo repetimos interminablemente.

Le silbamos a través del cristal.
Es un Chulel que juega con nosotros.
Se ríe cuando nos confundimos;
se extingue a gran velocidad;
lo llamamos dentro del rio,
fuera del río.

Hay una tormenta atorada
en las profundidades.
Somos uno con él.

El aye-ayé señala a Dios
con su largo dedo:
lo creado destruye a su creador.

Habita lugares sombríos,
busca chicles debajo de la mesa.
Es más activa al anochecer.
Vuela distancias largas
en busca de fuentes de luz.
Cucaracha.

La pantalla destella vida y sol.
Posas como una silueta china
en la pantalla de una lámpara.

Es posible verte a cuadro
en esos días cuando te
camuflajeas de mueble.

//Ninfa de alas muertas,
silueta china,
me asusta tu vuelo//

El exterminador tarda media hora en llegar y discute
el tratamiento más apropiado para la erradicación del
    bicho.
Nadie dice nada.
Tiempo probable para levitar sobre el retrete.

III

Espera en el limbo

Desencadena el galope.
La polvareda es un síntoma de velocidad.
Fantasma que simula ser félin.

Al fondo un enorme lunar cereza se marchita,
higos que completan el espejismo desleído.

Hasta dónde llega la imaginación:
todo se construye con imágenes televisivas.
Nueve pm y restos de inconsciencia.

Rasgos,
olor del pastizal que se quiebra
en el arranque.

Es tan rápida la secuencia
que hará falta unos minutos
de *bullet time*
para entender lo sucedido.

Boscaje de tintura,
una sola puerta.
Trazos líquidos
ensucian el blanco.

Un giro
y nuestra selva cambia su máscara,
llueve, se borra.

Pájaro amarillo se posa en los cacaos,
lo anhelamos.
Rompes el infeccioso movimiento
de los grises.

No nos defendemos.
Un felino se clava en la ceiba,
forma parte de nosotros,
la tinta mancha la vibración.

Son muchas trampas,
una malla metálica.
Pero no nos defendemos.
La tinta, *el giro*.

Sólo sabe montar potros que queman.
Conoce las palabras que alojan la ley,
pero la pelirroja,
no sabe de órdenes.

No sé qué dijo Dios
No escuché bien,
—Disculpen, estaba volando
sobre el Mar Rojo.
Ayer rompí una ventana
incrustada en el cielo—

La piel de la pelirroja lleva
una ventisca que silba.
Senoy la persigue en vano
todas las tardes;
su cabello rojo guarda poemas.
Muchos han caído al vacío.
La pelirroja no sabe pulir
las palabras en bronce,
sólo monta llamas en el cielo.

49

La ciudad dividida por cristales.
El mirlo no lo nota,
graba en el instinto su mapa urbano.
Mucha velocidad y después el choque...
(cuello roto, truco fallido, pura realidad).

Dínamo revela, por fin, sus enigmas;
abre las manos y los trucos vuelan.
Nos gusta dejar sobre la mesa
la posibilidad del sortilegio.
Nada detiene el brío de alucinar.

Dibujos de halcones adheribles son
la solución. El ave se asusta
con el simulado depredador.
Pájaro cautivo.

Un espejismo,
remedio para otro espejismo.

Unos milímetros más en la nada.
Nos sostenemos de una antena,
casi nunca levitamos,
no somos de ese tipo.

Con facilidad el diablo nos devuelve a la polvareda.
Pero en los momentos en que no,
permanecemos quietos y disfrutamos de la panorámica.

//Olvidamos comprar cera para zapatos//

Somos bólidos, partículas.
Una voz nos dice vuelen.

Despegamos. Sólo volamos
al desatar las agujetas
de los tenis volamos.

Nadie sabe qué fue del Fénix,
si alguna vez vuelve a su ceniza;
le gusta recordar otros momentos.

La ceniza no abandona su incendio.

¡A Bennu le gusta!, es el estado perfecto,
esa emoción al estar del lado crudo de la realidad.
De la ceniza a algo… No importa qué…

El telón se abre: un poco de cirugía,
un poco de maquillaje
antes de la inminente extinción.

Somos noctifóbicos.
No traducimos la espesura.
No contemplamos la pantalla
detrás de los párpados.

Un bosque de focos ecológicos es mejor
cuando no entendemos qué sucede
y nos dan miedo nuestras reacciones.

Somos una chimba por dentro,
ardemos siempre, aún después,
cuando recién bañados de hielo.

Nos provoca risa tu broma mala
de arrastrar por las calles de la ciudad
tus alerones rotos.

Los cuervos llaman al espejo.
Habitamos un risco
donde el acantilado calla.

No eres tú, es la brisa
de un aeropuerto sin vida.

Hay un patinador perdido en una pista aérea.
Los cuervos llaman al silencio.
No eres tú
es la brisa.

Ese sonido de ventisca proviene de un ventilador,
es la música de un escarabajo ciego.
Sonido sórdido, sostenido. Inopia. Olor a combustible.

La voz de Dios se distorsiona con el viento artificial.
¿Qué dijo a la tres de la tarde? Sonido sórdido, sostenido.

Ruido que ensucia la transmisión: un canal se cierra.
No escuchamos los sonidos de la escena urbana.
Sólo un estallido en el latido de una calle.

Sonido sostenido, sórdido.

El ventilador ruge, el escarabajo olvida.

Va y viene,
lleva un marcapasos imaginario,
da cuerda al mar intrínseco.
Oleaje.

Bajo su maceta halló una llave.
La combinación coincide
con la cerradura de su pecho.

El pequeño artefacto vive a sus anchas
en la espaciosa caja torácica.

Hospicio deshabitado cuando abre
y deja salir la arena oscura

y dice: bululú.

En esta casa donde
la muñeca de cera se derrite
nos dan tristeza las bombillas apagadas.

La oscuridad que habita los anaqueles
sale de la cocina y se lleva
los tenedores, las cucharas, un gato-noche,
                              nuestro guion más gótico.

Es más negro que la noche
cuando ronronea (dice Taboada)
y el cielo le deja un poco de leche
en el plato.

Cerramos la verja con candado.
                    Sería mejor si nosotros nos largáramos

Del cielo están cayendo escarabajos blancos
//Un espacio pálido// : trampa.
Desde este frío, el calor de Veracruz es tan distante
como la pauta de una jarana.

A *nosotros*, desde la oscuridad, nos gusta la pleamar
que llena tu cuerpo. //Un espacio pálido//
las aguas vivas de tu pelo.
Las calles del puerto amargo, imperdibles en tu nuca.

Aterriza un recuerdo en forma de sonido.
El dominó chocando pieza
contra pieza.
//Un espacio pálido//
Te haces una pregunta,
la urraca te contesta
desde una rama congelada.
Muerte en latidos glaciales.

//Sólo un espacio pálido//

IV

Aterrizaje en Chittagong

.

Hace días que no tenemos noticias de Elizabeth.
Salió de un hostal y la vieron irse rumbo a la pleamar.

La forma más discreta de desaparecer es en el corazón
    de un termitero.
Allí se consume el centro de las cosas: celulosa, ideas,
    recuerdos,
sólo queda el cascarón sonriente

       (y una olorosa botella de Dahlia Noir)

La ahora famosa cáscara de Elizabeth da vida al color
    de la muerte.
Las termitas siguen con hambre.

 Aún quedan muchos latidos por comer.

En un principio el vacío, un contraclave, amnesia.
Lista la máquina de tatuajes, listo el tubo,
preparado el zumbido eléctrico.
Sólo un espacio claro que se eriza con agujas. Dibujo
céltico. El pico robusto de un cuervo ensucia el espacio
vital, duelen hasta las orejas, pero se va formando hasta la última pluma. Memoria.

Con los años, cuando el buen ánimo se desgaste, el
ave perderá su significado, su aleteo estará arrugado,
cuando la piel de *Leonard Shelby* se afloje y la forma no
se entienda, ya no cantará en graznidos.

////Y nosotros estaremos atentos cuando
busque desesperadamente
 platicar sobre el dibujo, el significado y su alias//

Acariciamos su lomo de ventisca.
Se siente como si existiera
cuando sus dimensiones hablan.

Por dentro queloide.
Cautiva entre tus tejidos y ligamentos, es invisible,
un estado insólito para un chirilo elevado en
sus segmentos.

No tuve oportunidad de aterrizar y fosilizar en la piel.
Gusano de fuego.
Nadie nos hace la pregunta: ¿cómo fue?

Existe y tiene un sustantivo que a la fecha no
podemos ver,
es gemela de otra, invade el estrecho carpiano y todo
    está en calma,
estigma doloroso.

A veces un escozor grita desde adentro, es el puerto
    de Chittagong
que llega hasta la reminiscencia.

¿Cuántas veces debe cantar el cucú para que el azar dé a torcer su brazo?

Un número de cantos es un augurio. El anciano cuenta los sonidos repetitivos; éstos son los años que le faltan para salir del *sieglo*.

Imita el canto del cucú mientras lo busca en la cómoda, entre los pliegues de su cobija, en las manecillas que cazan la existencia.
Todo es un tablero sostenido por la nada.

El viejo toma prestado un bordón imaginario,
para no marearse en el acantilado de la duda.

(Un grillo resucita en el baño)

Nosotros sabemos que el cucú canta por otras razones o sólo porque sí. El anciano sigue contando el piar del cucú. Podría jurar que son sus propias pulsaciones. Al cucú le gusta engañar, ¡pone los pelos de punta! En la tarde deja que sus alas asusten galernas y abandona a sus polluelos en nidos ajenos.

El cucú habita en el viejo. Hay brotes amarillos en la interrogante. El anciano se aferra al sonido, calla para escuchar las pisadas luminosas.

Y así eres, Traviata, no siempre se tiene lo que se quiere o cuando se quiere se vuelve infierno y quema las yemas de tus dedos. //Nosotros también, algunas veces, nos sentamos a ver la televisión en blanco y negro, //sentimos a ese antiguo y solitario huésped dentro de nuestras entrañas. También nuestra madre ladraba, incendiaba cualquier iniciativa /María, tú eras el drama/ pero la tragedia no camina sola // uno la lleva en los intestinos. Es una tenia y quizás mañana ya no esté. // ¿Para qué matar las notas blancas, el *bel canto*, el trino? //Para qué// los días no son todos iguales, te invito a la cocina, creo que aún queda para una taza de té.

(Un salón hecho de piedras, gira desde hace meses.
Una liebre de mármol que, posada en la mesa, lucha por
mantenerse quieta en el eje de su hastío. Da la impre-
sión de moverse, pero es sólo un engañoso juego visual.
Una mujer con pestañas azules dormita en un sillón)

Obligamos a nuestro cuerpo a desdoblarse. Al rechinar
　　　　se produce el mecanismo de nuestra voluntad.

Nos cansamos de intentarlo y tomamos aire.
Hora del té.

Escapamos hacia ninguna parte. Nuestros caparazones
　　　pesan hoy
más que mañana.
Nos sentimos torpes dentro del ritmo vertiginoso del
　　　nuevo universo.
Ignoramos a quienes ansiosos
caminan en el techo más rápido que nosotros.

Bailamos con un rumbo (no desde un ritmo) desconocido
y aprendemos los nombres de calles recién descubiertas.
　　　　Saludamos a la gente
y tomamos té con un tipo de sombrero plateado.

(La liebre de bronce sigue en la sala, tiene polvo en
   sus grietas.
La joven de pestañas azules debe seguir, sin el rastro
   predecible que dejan sus zapatos)

Sabremos guiarnos a un cauce mejor en la sustancia
   del espejo.

El tiempo se escapa por una ranura del muro,
y también la sonrisa de un felino
y el tatuaje de un conejo blanco en el hombro derecho.

Permanecemos estáticos por días.

Miramos de un extremo a otro; nos adaptamos al patrón, a la textura de las paredes, de los acontecimientos, a los apetitos.

Es estrecha nuestra guarida confortable. No mordemos ni rasguñamos, somos rostros sin sonrisa. Desentrañamos los ademanes, los guiños con habilidad. Somos bichos palo.

Llevar un portafolio lleno de aire, por día, no es mucho trabajo. Qué más da si cada año cambiamos de dueño, seguimos siendo oscuros.

Algunos somos Tomás
y practicamos cripsis todos los días.

El reloj escarlata en una grieta de la pared.
Cambias tu papel de amante a presa, por tu propia
voluntad. Canibalismo sexual.

Eres alimento que nutre a la viuda negra.
                    // Seda metálica que inmoviliza las buenas
intenciones//

Eres un altruista supremo, un predicador
    con ocho patas.

Un Aros de sauce y tendones de bisonte devoran una pesadilla

más grande que nosotros.
La infancia se colapsa secando el aro de sauce.

A veces no podemos dormir.
Entramos a la cocina por un vaso de mezcal.

La mujer araña hace tiempo abandonó nuestra casa.
Es lo que nosotros llamamos un hechizo Ojibwa.

Viajamos en una narcosis donde la realidad no domina la fantasía
porque en el fondo es una misma. Nuestros amigos
    virtuales lo saben.

La mosca africana que ayer nos picó.
La rutina ya no tiene alas y se cristalizó la miel.
Tse, Tse.

No sabemos si estamos en el límite de una ciudad
o si la ciudad abre su entrada con una llave,
o cómo podrémos usar esa llave,
o si el piquete dolerá hasta la médula quitándonos
    el anhelo.

No somos Cthulhu, no es tan profundo el lago de Hali.
Tampoco el sueño.

Materializamos la creencia de estar vivos,
pero los límites de la irrealidad son tan vastos
como los límites de África.

Desde que se llenó de gallinas ciegas
el verde muere a gotas. Stormy weather.
No cesa de llover, no hay un madero, no hay una viga.

(El maremoto susurra mientras esperamos lo inesperado)

                                        Mictlanpapalotl,
paracaidista a la inversa que brota del musgo.
Los zanates sólo dejan nuestras alas
como recuerdo de su presencia letal.

No cesa de llover.
(Equilibramos nuestras vidas sobre una antigua
    mecedora)

Arca imaginaria,
el eje tiembla, sólo un poco, con la inercia.

Si por nosotros fuera le arrebataríamos el color a la voracidad:
láminas desmembradas, brillantes, malditas.

Sucios los adoquines, uno detrás de otro hasta completar
un espejismo. (Chittagong es la arteria que nos mata)
Al fuego lo dejaría color nieve.
Pensaría en bocas con las comisuras saturadas de hielo.
Disgregación.

Si por nosotros... todo sería un maullido de gato en
        blanco y negro.
Un muro de rasilla ahogado en sombras
        monocromáticas, daltónicas.

El deseo de otros sería un corto pensamiento que
        no decapita.

Biología en fuga, de Gabriela d´Arbel, se terminó de imprimir en septiembre de 2016 en los talleres de Editorial Cigome, S.A. de C.V. (Vialidad Alfredo del Mazo 1524, Col. Ex Hacienda La Magdalena, C.P. 50010), en Toluca, Estado de México. El tiraje se realizó en offset, sobre papel Cultural de 90 gramos. Para su composición se utilizaron tipos de la familia Frutiger LT de 10 puntos. El cuidado de la edición estuvo a cargo de los editores y de la autora.